Bibliografische Information der Deutschen Nationalbibliothek:

Die Deutsche Bibliothek verzeichnet diese Publikation in der Deutschen National-
bibliografie; detaillierte bibliografische Daten sind im Internet über http://dnb.d-
nb.de/ abrufbar.

Impressum:

Copyright © 2014 GRIN Verlag, Open Publishing GmbH
Druck und Bindung: Books on Demand GmbH, Norderstedt Germany
ISBN: 9783668554481

Dieses Buch bei GRIN:

http://www.grin.com/de/e-book/378166/potentiale-zur-verbesserung-der-energie-
effizienz-bei-energieversorgungsunternehmen

Lars Steilmann

Potentiale zur Verbesserung der Energieeffizienz bei Energieversorgungsunternehmen

GRIN Verlag

FOM Hochschule für Ökonomie &

Management gemeinnützige Gesellschaft mbH

Energiesektor

„Potentiale zur Verbesserung der Energieeffizienz bei Energieversorgungsunternehmen"

Lars Steilmann

INHALTSVERZEICHNIS

ABBILDUNGSVERZEICHNIS

Abb. 1 „Entwicklung der Brutto-Stromerzeugung in Deutschland nach Energieträgern in Mrd. Kilowattstunden", Aus Bundesverband für Energie- und Wasserwirtschaft, https://www.bdew.de/internet.nsf/id/DE_Energiedaten Stand 11.11.2014

Abkürzungsverzeichnis

EnEG Energieeinsparungsgesetz

EnEV Energieeinsparungsverordnung

BMWi Bundesministerium für Wirtschaft und Technologien

RÖE Rohöleinheiten

BAFA Bundesamt für Wirtschaft und Ausfuhrkontrolle

KMU kleine und mittlere Unternehmen

Tabellenverzeichnis

Tabelle 1: „10-Punkte-Energie-Agenda", Eigene Kreation, mit Bezug zu „10-Punkte-Energie-Agenda",

HTTP://WWW.BMWI.DE/BMWI/REDAKTION/PDF/0-9/10-PUNKTE-
ENERGIE-
AGEN-
DA,PROPERTY=PDF,BEREICH=BMWI2012,SPRACHE=DE,RWB=TRUE.P
DF Stand: 11.11.2014

1. EINLEITUNG

„So wenig Energie wie möglich zu verbrauchen und zugleich so viel wie möglich aus jedem Tropfen Öl, jedem Kilogramm Kohle, jedem Sonnenstrahl und jeder Windbrise zu gewinnen – das ist Energieeffizienz."[1]

So kennzeichnet das Bundesministerium für Wirtschaft und Technologie den Weg zur Energiewende und definiert Energieeffizienz. Es gibt verschiedene Ansätze Energieeffizienz zu definieren. Folgt man der Bundesregierung ist Energieeffizienz, das bestmögliche Ergebnis zu erreichen bei möglichst geringer Ressourcenaufwendung. Eine weitere ähnliche Definition ist die optimale Nutzung der verfügbaren Energie, welche nicht die Erzeugung fokussiert, sondern die anschließende Verwendung. Andere Definitionen setzen den Austausch durch erneuerbare Energien mit der Steigerung von Energieeffizienz gleich. Durch das Energieeinsparungsgesetz (EnEG) und die Energieeinsparungsverordnung (EnEV) sind Rahmenbedingungen in Deutschland geschaffen, den Energieverbrauch im privaten und gewerblichen Bereich effizienter zu nutzen. Betrachtet man die Energiebranche, lässt sich zwischen konventionellen Energieträgern und erneuerbaren Energien unterscheiden. In dieser Arbeit sollen Potentiale zur Steigerung der Energieeffizienz aufgezeigt werden und insbesondere auf Energieversorgungsunternehmen eingegangen werden. Dabei wird zunächst geklärt was Energieeffizienz ist und in wie weit man den Begriff verwenden kann. Die Bundesregierung hat das Ziel ausgerufen, dass erneuerbare Energien zukünftig den größten Teil des deutschen Energiemix ausmachen sollen.[2] Bis es soweit ist, bleiben konventionelle Energieträger wie Öl, Kohle oder Gas Hauptlieferanten von Energie. Energieeffizienz Steigerung heißt nicht nur das Substituieren von fossilen Brennstoffen durch erneuerbare Energien, sondern bedeutet ebenso das Ausnutzen von aktuellen Energielieferanten zu optimieren. Wie diese Aufgabe von Energieversorgungsunternehmen in Deutschland aufgenommen wird und verarbeitet wird, soll anhand der Möglichkeiten im Energiemanagement im Hauptteil aufgezeigt werden. Vorab werden gesetzliche Regelungen, wie die „20-20-20 Ziele", die „10-Punkte-Energie-Agenda" des Bundesministe-

---

[1] Vgl. Bundesministerium für Wirtschaft und Energie URL: http://www.bmwi.de/ Stand: 16.08.2014
[2] Vgl. Bundesministerium für Wirtschaft und Energie http://www.bmwi.de/ Stand: 16.08.2014

rium für Wirtschaft und Technologien (BMWi[3]) und die europäische Energieeffizienzrichtlinie genauer analysiert und vorgestellt. Abschließend folgen eine Prognose und ein Fazit, welches einen Ausblick auf die weitergehende Entwicklung geben soll und den Fortschritt aktueller Maßnahmen bewertet. Mit dieser Seminararbeit möchte ich einerseits den aktuellen Stand des Prozesses in Deutschland analysieren und die Pläne und Aussichten zur Energiewende sowohl politisch als auch unternehmensseitig bewerten.

2. POTENTIALE ZUR VERBESSERUNG DER ENERGIEEFFIZIENZ

2.1. THEORETISCHES POTENTIAL

Das theoretische Potential beschreibt all das, was innerhalb der physikalischen Grenzen möglich ist. Dies bedeutet nicht nur bereits bestehende Techniken und Kenntnisstände werden genutzt, sondern es wird auch erweitert auf alles physikalisch Mögliche.[4] Es ist dementsprechend der Rahmen, in dem sich bewegt wird.

2.2. TECHNISCHES POTENTIAL

Das technische Potential zeigt auf, was nach dem heutigen Stand der Forschung möglich ist. Grundsätzlich umfasst dieses Potential den Rahmen des aktuell möglichen, relativiert auf den technischen Stand und wissenschaftlichen Fortschritt.

2.3. GESETZLICH/POLITISCH VORGESCHRIEBENES POTENTIAL

Dieses Potential ist von Staat zu Staat unterschiedlich, obgleich die Europäische Gemeinschaft eine Richtlinie (EU-Energieeffizienzrichtlinie[5]) den Staaten auferlegt hat. Es sagt zum Beispiel aus, dass in Deutschland der Ottokraftstoff einen Bioanteil von mindestens fünf Prozent haben muss.

---

[3] Vgl. Bundesministerium für Wirtschaft und Energie URL: http://www.bmwi.de/ Stand: 16.08.2014
[4] Vgl. VDI Württembergischer Ingenieurverein e.V. URL: http://www.vdi-stuttgart.de/ Stand: 12.08.2014

[5] Amtsblatt der Europäischen Union L 315, 55. Jahrgang 25. Oktober 2012 „RICHTLINIE 2012/27/EU DES EUROPÄISCHEN PARLAMENTS UND DES RATES"

2.4. BETRIEBSWIRTSCHAFTLICHES POTENTIAL

Bezeichnet Ersparnisse die durch Subventionen oder steuerliche Besserstellungen herbeigeführt werden können. Manche vermeintlich kostenintensive Investitionen, werden durch diese externalisierten Kosten rentabel, sodass Unternehmen sich eher dazu entschließen umweltfreundlicher handeln.

2.5. GESAMTWIRTSCHAFTLICHES POTENTIAL

Fehlendes Kapital, Zeitmangel, fehlende Ressourcen oder Ähnliches werden betrachtet.[6] Ist die Investition im Vergleich mit anderen wichtigen Anschaffungen nicht rentabel genug, könnte diese wegfallen.

2.6. REALISIERBARES POTENTIAL

Differenzieren zwischen rationalem und emotionalem Nutzen, beispielsweise Image und Außenwirkungen sind emotionale Nutzen. Rationale Nutzen sind alle in monetären Einheiten ausdrücklichen Ergebnisse. Unterscheiden muss man hier auf Mikro- und Makroebene, sind es doch andere Beweggründe für den deutschen Markt als für ein einzelnes Unternehmen.

Alle diese Potentiale spielen eine Rolle, betrachtet man Maßnahmen von Unternehmen oder auch Haushalten, die Energieeffizienz zu steigern. Da davon auszugehen ist, dass solche Veränderungen wie die Steigerung der Energieeffizienz mit Kosten verbunden sind, müssen alle Potentiale nicht nur nach ihrer Handhabbarkeit geprüft werden, sondern auch auf die jeweilige finanzielle und strukturelle Situation.

---

[6] Vgl. Verband Schweizerischer Elektrizitätsunternehmen URL: http://www.strom.ch/ S.3 Stand: 21.08.2014

3. GESETZLICHE REGELUNGEN

3.1. EUROPÄISCHE ENERGIEEFFIZIENZRICHTLINIE

Am 25. Oktober 2012 hat die EU die Richtlinie 2012/27/EU[7] hinsichtlich der Thematik Energieeffizienz angenommen. Diese Richtlinie soll Rahmenbedingungen innerhalb der Union schaffen, um die Förderungen von Maßnahmen zur Steigerung der Energieeffizienz voranzutreiben. Das übergeordnete Energieeffizienzziel ist eine Steigerung der Effizienz um 20 Prozent bis zum Jahr 2020. Gleichzeitig sollen weitere Energieeffizienzverbesserungen für die Zeit danach vorbereitet werden.

In dieser Richtlinie wird geregelt, dass der Energiemarkt ein Eigeninteresse hinsichtlich der Energiewende hat und dass andere Probleme die entgegen der Effizienz der Energieversorgung stehen beseitigt werden. Durch den EU Beitritt Kroatiens am 01. Juli 2013 wurde die Richtlinie noch einmal modifiziert. Bis zum Jahr 2020 wurden verschiedene Kennzahlen ausgerufen die durch verschiedene Maßnahmen erreicht werden sollen. 2007 wurden Projektionen erstellt, die verschiedene Kennzahlen und Werte die relevant für die Energieeffizienz sind enthalten. Basierend auf diesen Zahlen ist es möglich den Prozess überwachen zu können und am 31. Dezember 2020 eine Bewertung über das Erreichte treffen zu können.

Der Energieverbrauch der Union darf im Jahr 2020 nicht mehr als 1.483 Millionen Tonnen Rohöleinheiten (RÖE) Primärenergie oder nicht mehr als 1.086 Millionen Tonnen RÖE Endenergie betragen. Endenergie ist der gebliebene Teil der Primärenergie, der nach Energiewandlungs- und Übertragungsverlusten übrig bleibt.[8] Durch den Beitritt Kroatiens wurden die Mengen um 9 Millionen RÖE Primärenergie, respektive 8 Millionen RÖE Endenergie angepasst.[9] Des Weiteren soll auch der Anteil der anderen primären Energieträger und der Ausstoß von Treibhausgasen um 20 Prozent gesenkt werden. Zum Erreichen dieser Kennzahlen, ist für große Unternehmen Pflicht, mindestens alle vier Jahre Energieaudits durchzuführen.

---

[7] Vgl. Europäische Kommission URL: http://ec.europa.eu/ Stand: 21.08.2014

[8] Vgl. Energie Lexikon URL: http://www.energie-lexikon.info/ Stand 19.11.2014
[9] Vgl. Richtlinie 2012/27/EU zur Energieeffizienz

3.2. ENERGIEWENDE

Die Bundesregierung setzt bei der Energiewende auf einen stetig wachsenden Anteil erneuerbarer Energien, auf die Abschaltung der Kernenergie und eine bessere Energieeffizienz. Bis zum Jahr 2025 sollen erneuerbare Energien zwischen 40 und 45 Prozent der Stromversorgung in Deutschland ausmachen. Bis 2050 sollen es bis zu 80 Prozent sein. Neben den Bemühungen erneuerbare Energien wirtschaftlicher zu machen, sollen die Primärenergieträger effizienter und umweltfreundlicher genutzt werden. Gründe für die Energiewende aus politischer und wirtschaftlicher Sicht lassen sich mehrere finden. Die Abhängigkeit von Öl- und Gasimporten soll verringert werden, die Energiewende soll Deutschland als Industriestandort voran bringen und zu Wachstum und mehr Beschäftigung beitragen und letztendlich andere Staaten zum Nachahmen bringen um den globalen Klimaschutz voran zu bringen. Aktuell stammen 25 Prozent des deutschen Energie-Mixes aus Wind-, Sonne, Wasserenergie und Biomasse.

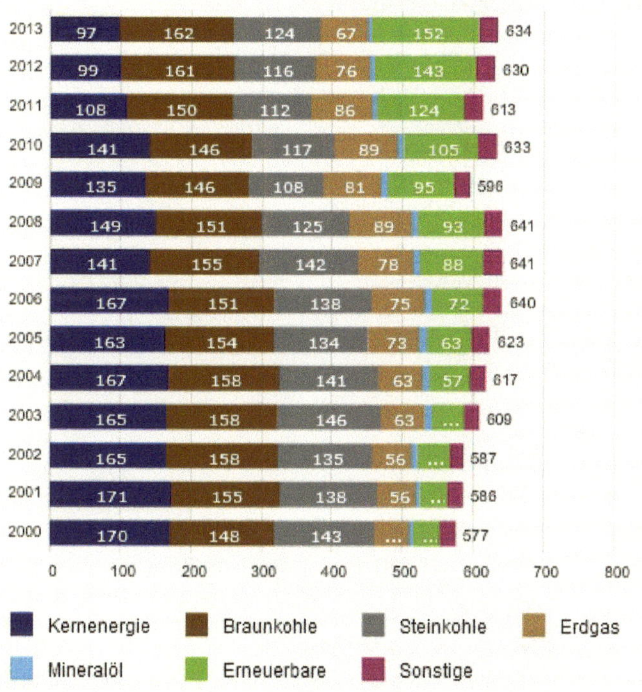

Abb. 1 „Entwicklung der Brutto-Stromerzeugung in Deutschland nach Energieträgern in Mrd. Kilowattstunden"

(Aus Bundesverband für Energie- und Wasserwirtschaft, Stand 11.11.2014) [10]

Anhand der Abbildung „Entwicklung der Brutto-Stromerzeugung in Deutschland nach Energieträgern in Mrd. Kilowattstunden", lässt sich der Trend deutlich erkennen.

---

[10] Vgl. Bundesverband der Energie- und Wasserwirtschaft e.V. URL: https://www.bdew.de/ Stand: 11.11.2014

3.3. „10-PUNKTE-ENERGIE-AGENDA"

Die „10-Punkte-Agenda" der Bundesregierung skizziert die zeitlichen und inhaltlichen Handlungsfelder der Energiewende.[11]

Tabelle 1: „10-Punkte-Energie-Agenda"

(Eigene Kreation, mit Bezug zu „10-Punkte-Energie-Agenda")

1. Erneuerbare Energien, EEG
2. Europäischer Klima- und Energierahmen 2030
3. Reform des europäischen Emissionshandels
4. Strommarktdesign
5. Effizienzstrategie
6. Gebäudestrategie
7. Übertragungsnetze
8. Verteilernetze
9. Monitoring
10. Energiewende Plattformen[12]

Durch die Reform des EEG sollen erneuerbare Energien wettbewerbsfähig sein und somit auch eine Alternative für die stromintensive Industrie in Deutschland werden. Der „Europäische Klima- und Energierahmen 2030" hat strategische Bedeutung für nationale Klima- und Energiepolitiken, die für die Umsetzung der Energiewende wichtig sind. Durch die Reform des europäischen Emissionshandels, sollen die richtigen Anreize und Signale gesendet werden, um Investitionen zur Senkung von Treibhausemissionen zu fördern und die Emissionen gänzlich zu senken. Das neue Strommarktdesign der Zukunft betrifft die Stromriesen wie E ON oder RWE. Ziel ist es einen effizienten Kraftwerkeinsatz zu erreichen bei steigenden Anteilen erneuerbarer Energien, ohne die Versorgungssicherheit zu gefährden. Die Steigerung der Energieeffizienz ist für die Bundesregierung ein weiterer Pfeiler in der Energiewende und soll weiter fokussiert werden. Gefragt sind in diesem Fall insbesondere die Industrieunternehmen und Energieversorger. Mehr Details hierzu folgen im nächsten Abschnitt dieser Arbeit. Mit der Gebäudestrategie wird ein Plan entwickelt, einen fast klimaneutralen Gebäudestand zu erreichen. Konzepte rund um intelligentes Wohnen und „Smart Home" sollen weiter vorangetrieben werden. Das Übertragungsnetz wird mit mehreren

---

[11] Vgl. Bundesministerium für Wirtschaft und Energie URL: HTTP://WWW.BMWI.DE/ Stand: 11.11.2014
[12] Tabelle 1: Eigene Kreation, mit Bezug zu „10-Punkte-Energie-Agenda"

tausend Kilometer neuen Stromtrassen weiter ausgebaut um die Versorgung von Strom zu sichern.

Einhergehend mit dem Ausbau sind die Optimierungen der Verteilernetze, über die der von erneuerbaren Energien hergestellte Strom, in den Umlauf gebracht werden muss. Das Ganze wird kontinuierlich über ein Monitoring Prozess beobachtet und die Fortschritte werden auf verschiedenen Fachforen und Plattformen veröffentlicht, sodass die Öffentlichkeit partizipieren kann in diesem Prozess.[13]

3.4. EnEV und EnEG

Zusätzlich zu der europäischen Energieeffizienz Richtlinie, hat die Bundesregierung weitere Gesetze verabschiedet, um die Verbesserung der Energieeffizienz voranzubringen. Die Energieeinsparverordnung (EnEV) sowie das Energieeinsparungsgesetz (EnEG) bilden ein wesentliches Instrument der Energieeffizienzpolitik der Bundesregierung und sind eng an die europäische Energieeffizienz-Richtlinie (2012/27/EU) angelehnt.[14] Die kontinuierliche Fortentwicklung der energetischen Anforderungen an Gebäude, die sich am Stand der Technik und der Wirtschaftlichkeit orientiert, leistet einen wichtigen Beitrag zur Energieeinsparung und damit vorrangig zur Minderung der Importabhängigkeit und der Stärkung der Versorgungssicherheit, mittelbar auch zum Klimaschutz.

4. Energiemanagement bei Energieversorgungsunternehmen

4.1. Organisation

Das Energiemanagement ist in den letzten Jahren zu einer ernstzunehmenden Rolle in Organisationsstrukturen gewachsen. Unternehmen entwickeln Energiestrategien, mit Hilfe von Benchmarks werden Ziele ausgerufen und daraus konkrete Maßnahmen abgeleitet um eine höhere Energieeffizienz zu erreichen. Für den Aufbau und die Durchführung eines Energiemanagements bedarf es eines

---

[13] Vgl. Bundesministerium für Wirtschaft und Energie URL: HTTP://WWW.BMWI.DE Stand: 15.11.2014

[14] Vgl. Deutsche Energie Agentur URL: http://www.dena.de/ Stand 19.11.2014

Energiemanagers samt, abhängig von der Größe der Unternehmung, eines Teams. Laut einer Studie („Erfolgsfaktoren eines ganzheitlichen Energiemanagements (GEM)")[15] durch die Wirtschaftsprüfungs- und Beratungsgesellschaft PWC, rentiert sich ein Energiemanager, da sie eine durchschnittlich um 8,3 Prozent höhere Energiekosteneffizienz erreicht wird.[16] Nach Dr. Volker Breisig, einem Experten für energiewirtschaftliche Beratung sind die grundlegenden Aufgaben des Energiemanagements im Unternehmen die operative Erfassung und Analyse der Energieverwendung, Ermittlung und Beseitigung von Schwachpunkten sowie die Implementierung einer Energiepolitik die auf die Unternehmenskultur Einfluss nehmen soll.[17] Damit werden die vorhandenen Potentiale zur Steigerung der Energieeffizienz und Kostenreduktion ermittelt. Es gibt internationale Standards für Energiemanagementsysteme, wie das ISO 50001 und DIN 16001, diese realisieren eine bis zu 25 prozentig bessere Kosteneffizienz und eine 18,7 prozentig höhere Energieeffizienz. Diese Standards umfassen Aufgabenverteilung und Prozessdokumentation für den Verbesserungsprozess. Für die Umsetzung gibt es einige Möglichkeiten, die die Optimierung der Wärme- und Kälteverteilung an Produktionsstätten als auch an Bürostandorten, eine Eigenstromerzeugung einführen und eine Teilnahme an Energienetzwerken anstreben. Das Hinzuziehen von externen Beratern ist ebenfalls eine gute Möglichkeit, die Energieeffizienz zu steigern. Energieversorgungsunternehmen bedienen sich diesen Umsetzungsoptionen, haben allerdings noch andere Möglichkeiten im Rahmen ihres Geschäftes ihre Energieeffizienz zu steigern.

4.2. TECHNOLOGISCHER FORTSCHRITT

Energieversorgungsunternehmen wie die RWE AG, die Shell AG oder die BP Europa SE sind auf den technologischen Fortschritt angewiesen um wettbewerbsfähig zu bleiben und das jeweils beste Ergebnis zu erreichen. So ist für viele Unternehmen die Kosteneffizienz und die Energieeffizienz damit einhergehend, ein wesentlicher Bestandteil der strategischen Ausrichtung.[18] An den

---

[15] Vgl. PricewaterhouseCoopers Aktiengesellschaft URL: http://www.pwc.de/ S.1 Stand: 15.11.2014
[16] Vgl. PricewaterhouseCoopers Aktiengesellschaft URL: http://www.pwc.de/ S.13 Stand: 15.11.2014
[17] Vgl. PricewaterhouseCoopers Aktiengesellschaft URL: http://www.pwc.de/ S.22 Stand: 17.11.2014
[18] Vgl. Elektro Technologie Zentrum (etz) der Innung für Elektro- und Informations-technik URL: http://www.etz-stuttgart.de Stand: 15.11.2014

verschiedenen Produktionsstandorten wie Kraftwerke oder Raffinerien hat der technologische Fortschritt dafür gesorgt, dass diese Anlagen kosteneffizienter funktionieren können und gleichzeitig umweltfreundlicher betrieben werden können. Für Ölunternehmen ist die Raffinerieauslastung sogleich von ökonomischer als auch energieeffizienter Sicht von Bedeutung. Je höher die Auslastung, desto weniger Abfälle und Abgase werden im Produktionsprozess verursacht. Die Kapazitätsauslastung in deutschen Raffinerien liegt bei über 90 Prozent.[19] Dabei gilt je höher die Auslastung, desto effizienter wird das Rohöl verarbeitet und eine größere Marge kann erwirtschaftet werden. Die fertigen Produkte wie Ottokraftstoff, Dieselkraftstoff oder Heizöl als auch sonstige Komponenten wie Toluol, Cyclohexan oder Naphtha müssen von den Raffineriestandorten transportiert werden zu den Kunden. Dies kann entweder über eine Pipeline, eine Barge, einen Kesselwagen oder einen Tankkraftwagen durchgeführt werden. Ausgenommen der Pipeline, verfügen die Beladestellen für Schiffe, Kesselwagen und Tankkraftwagen sogenannte Gaspendelleitungen, die dafür sorgen, dass keine Gase beim Beladen oder Entladen freigesetzt werden. Viel mehr noch wird das überschüssige Gas in den meisten Fällen zum befeuern und heizen benutzt, um entweder diese Pendelleitung zu betreiben oder für andere Zwecke in der Raffinerie. An Tankstellen in Österreich ist es seit dem 01. März 1993 für die Betreiber verpflichtend eine Gaspendelleitung für Benzin zu haben die eine Mindesteffizienz der Benzindampfabscheidung von 85 Prozent haben muss.[20] Eine weitere Entwicklung ist die Nutzung von Energieeffizienz-Netzwerken, welche durch das Bundesministerium für Wirtschaft und Energie gefördert wird. Seit dem Jahr 2009 wurden im Rahmen der Klimaschutzinitiative 30 Energieeffizienz-Netzwerke durch das Bundesumweltministerium gefördert. Etwa weitere 30 Netzwerke wurden durch Unternehmen gegründet.[21] Ziel dieser Netzwerke ist der Erfahrungsaustausch der beteiligten Unternehmen und daraus folgende Optimierungen um die Energieeffizienz zu steigern.[22] Die Erfolge hängen von dem anfänglichen technischen Entwicklungsstand ab und wie schnell die Unternehmen Adaptionen durchführen können. Anhand von jährlichem Monitoring teilnehmender Unternehmen lassen sich die Erfolge in Zahlen ausdrücken,

---

[19]Vgl. Energie Informationsdienst GmbH URL: http://www.eid-aktuell.de/ Stand: 16.11.2014
[20]Vgl. Wirtschaftskammer Österreich URL: https://www.wko.at/ Stand: 15.11.2014
[21]Vgl. Deutsche Energie Agentur URL: http://www.stromeffizienz.de/ Stand: 17.11.2014
[22]Vgl. Deutsche Energie Agentur http://www.stromeffizienz.de/ Stand: 17.11.2014

dadurch wird das Potential dieser Entwicklung verdeutlicht. Für einen durchschnittlichen Teilnehmer lesen sich binnen vier Jahren folgende Zahlen. Eingesparte Energiemenge in Höhe von 3.000 Megawattstunden (MWh) pro Jahr was eine Kosteneinsparung von ungefähr 200.000 € ausmacht. Vermiedene CO2-Emissionen betragen rund 1.000 t pro Jahr, das ist ungefähr der Ausstoß von ungefähr 400 Automobilen.[23] Weitere Kennzahlen, die die Nutzung von Energieeffizienz-Netzwerken als positive Entwicklung darstellen, sind die Amortisationszeit und die Rentabilität einer solchen Investition. Die induzierten Investitionskosten liegen durchschnittlich bei 600.000 €, die Rentabilität beträgt 30 Prozent und die Amortisationszeit lediglich drei Jahre. Eine Folge der Erfahrung von Energienetzwerken kann auch die Nutzung von Querschnittstechnologien wie Raumwärme, Prozesswärme oder Druckluft sein. Das Bundesamt für Wirtschaft und Ausfuhrkontrolle (BAFA) bietet kleinen und mittleren Unternehmen (KMU) Zuschüsse für Einzelmaßnahmen systemische Optimierung an, die darauf abzielen hocheffiziente Technologien zu implementieren die nachhaltig für effizientere Energieverwendung in den Betrieben sorgen sollen.[24] Die von der Regierung vorgesehenen Einzelmaßnahmen umfassen folgende Querschnittstechnologien:[25]

- Elektrische Motoren und Antriebe
- Pumpen
- Ventilatoren sowie Anlagen zur Wärmerückgewinnung in raumlufttechnischen Anlagen
- Drucklufterzeuger sowie Anlagen zur Wärmerückgewinnung in Drucklufterzeugern
- Umrüstung von Beleuchtungsanlagen auf LED-Technik (begrenzt bis 31.12.2014)

Auch wenn diese Förderung lediglich für kleine und mittlere Unternehmen (KMU) gilt machen sich vor allem auch Energieversorgungsunternehmen die Vorteile von Querschnittstechnologien zu nutze.

Die Verwendung erneuerbarer Energien ist ebenfalls eine Möglichkeit das Potential zur Verbesserung der Energieeffizienz weiter auszuschöpfen. Einhergehend mit der Energiewende stellen Energieversorgungsunternehmen sich auf die

---

[23] Vgl. Das Erste URL: http://www.daserste.de/ Stand: 17.11.2014
[24] Vgl. Bundesamt für Wirtschaft- und Ausfuhrkontrolle URL: http://www.bafa.de/ Stand: 17.11.2014
[25] Vgl. Bundesamt für Wirtschaft- und Ausfuhrkontrolle URL: http://www.bafa.de/ Stand:17.11.2014

Nutzung erneuerbarer Energien ein. Zum Beispiel die Firma EnBW könnte in Baden-Württemberg theoretisch 35.5 Prozent des Stromverbrauchs aller Haushalte nur mit der Energieerzeugung aus erneuerbaren Energien abdecken.[26]

4.3. INTERNE UND EXTERNE EINFLUSSFAKTOREN

Energieversorgungsunternehmen sind aufgrund ihrer Relevanz für eine Volkswirtschaft durch politische und rechtliche Vorgaben beeinflusst. Für Stromerzeuger bedeutet das, dass Kraftwärmekopplung und Energiemanagementsysteme gesetzlich verpflichtend wird, was zu einer höheren Energieeffizienz aber auch zu höheren Ausgaben führt. Weitere externe Einflussfaktoren kommen aus den sozialen Bereichen, da durch die zunehmenden Einsichtsmöglichkeiten auch von Konsumenten mehr Transparenz in Hinblick auf die Preisgestaltung der Energie gefordert. Des Weiteren stehen Energieversorger unter ökologischem Druck, um negativen Effekten vorzubeugen, sollten energieeffizientes Agieren und umweltschonende Maßnahmen auf der Agenda stehen. Diese externen Einflussfaktoren noch die Anschaffungskosten neuer Technologien hinzugerechnet, sind das enorme Aufwendungen für Energieversorger.

Als interne und externe Einflussfaktoren gelten der ökonomische Druck der Konzerne als auch die heterogenen Anforderungen der Stakeholder. Für Energieversorger gilt, dass Energieträger zur Durchführung und Beschleunigung von Produktionsprozessen dienen und das zu adäquaten Preisen. Hinzu kommt, dass dem Markt eine unterbrechungsfreie Zufuhr der benötigten Energiemenge zugesichert werden muss. Eine weitere Kategorie ist die Beschaffung von Primärenergieträgern wie Gas, Öl und Kohle, dessen Preise in den letzten Jahren gestiegen sind. Von 2000 bis 2011 sind die Strompreise für industrielle Verbraucher um über 70 Prozent gestiegen.[27] Der Grund dafür sind gestiegene Preise für Stromerzeugung, Transport und Vertrieb, Erhöhung energiebezogener Steuern und Abgaben, sowie die EEG-Umlage und die Stromsteuer.

---

[26] Vgl. EnBW Energie Baden-Württemberg AG URL: https://www.enbw.com/ Stand: 17.11.2014
[27] Vgl. PricewaterhouseCoopers Aktiengesellschaft URL: http://www.pwc.de/ S.1 Stand: 18.11.2014

5. FAZIT

Setzt man sich ausführlich mit dem Thema der Energieversorgung auseinander wird einem erst mal bewusst, wie immens wichtig sie ist und wen sie alles betrifft. Durch die Energieversorgung wird sichergestellt, dass die Welt so wie man sie heute kennt funktioniert und bestehen bleibt. Denkt man ein bisschen weiter bemerkt man, dass der größte Teil unserer Energie durch Primärenergieträger die nicht erneuerbar sind versorgt wird und dass genau diese in absehbarer Zukunft so aufgebraucht worden sein wird, sodass sie nicht mehr wirtschaftlich gefördert werden kann. Dann versteht man die Notwendigkeit einer Kursänderung in Richtung Verbesserung der Energieeffizienz. Wie in dieser Arbeit aufgezeigt, bieten der technologische Fortschritt und der gesetzliche Rahmen große Potentiale um die Energieeffizienz zu verbessern, letztendlich liegt es jedoch an Unternehmen in wie weit Sie der Bewegung folgen. Gerade Deutschland besitzt in der EU als auch weltweit gesehen einen besonders guten Ruf, was die Bemühungen um eine ökofreundlichere Industrielandschaft angeht, aber es ist noch nicht genug getan. Ich denke, dass mit der „10-Punkte-Energie-Agenda" und den ausgerufenen Zielen der „20-20-20" Thematik Meilensteine erfolgt sind und sowohl die Politik als auch Energieversorger auf dem richtigen Weg sind. Allerdings ist die Transparenz in den Bemühungen noch nicht ausreichend, sodass die Beurteilung der Energieriesen für die Gesellschaft nur mäßig erfolgen kann. Das gesamte Potential ist noch längst nicht ausgereizt, da viele Maßnahmen Zeit benötigen und viele Kosten verursachen. Allerdings ist von einer kontinuierlichen Verbesserung der Energieeffizienz bei Energieversorgungsunternehmen auszugehen. Abschließend lässt sich sagen, dass die Notwendigkeit Energie effizienter zu nutzen, sei es durch Primärenergieträger oder erneuerbare Energieträger, von immenser Bedeutung ist und nicht nur die die Politik und die Energiebranche etwas angeht, sondern die gesamte Gesellschaft. Nur wenn die Gesellschaft zu Änderungen beiträgt und hilft, dass diese impliziert werden können kann das Potential voll ausgeschöpft werden.

LITERATURVERZEICHNIS

Amtsblatt der Europäischen Union L 315, 55. Jahrgang 25. Oktober 2012 „RICHTLINIE 2012/27/EU DES EUROPÄISCHEN PARLAMENTS UND DES RATES"

Bayerischer Rundfunk, Anstalt des öffentlichen Recht (2011): http://www.daserste.de/information/wissen-kultur/wissen-vor-acht-ranga-yogeshwar/sendung-ranga-yogeshwar/2011/wie-viel-co2-produziert-ein-auto-folge-606-100.html Stand: 17.11.2014 Rechnung: 687,5 Km Reichweite pro Tankfüllung, 17,5 Tankfüllungen im Jahr mal 144,6 kg CO2 Ausstoß. 2530, 5 kg

BDEW Bundesverband der Energie- und Wasserwirtschaft e.V. (2014): http://www.bdew.de/internet.nsf/id/DE_Energiedaten Stand: 16.08.2014

Bundesamt für Wirtschaft- und Ausfuhrkontrolle (2014): http://www.bafa.de/bafa/de/energie/querschnittstechnologien/ Stand: 17.11.2014

Bundesministerium für Wirtschaft und Energie (2014): http://www.bmwi.de/DE/Themen/energie,did=644350.html Stand: 15.11.2014

Bundesministerium für Wirtschaft und Energie (2014): http://www.bmwi.de Stand: 16.08.2014

Bundesministerium für Wirtschaft und Energie (2014): HTTP://WWW.BMWI.DE/BMWI/REDAKTION/PDF/0-9/10-PUNKTE-ENERGIE-AGEN-DA,PROPERTY=PDF,BEREICH=BMWI2012,SPRACHE=DE,RWB=TRUE.PDF Stand: 22.09.2014 Tabelle 1: "10-Punkte-Agenda" der Bundesregierung

Bundesministerium für Wirtschaft und Energie (2014): http://www.bmwi.de/DE/Themen/Energie/konventionelle-energietraeger.html Stand: 16.08.2014

Bundesministerium für Wirtschaft und Energie (2014): http://www.bmwi.de/DE/Themen/Energie/Energieeffizienz-und-Energiesparen/energieeffizienz.html Stand: 16.08.2014

Deutsche Energie Agentur (2012): http://www.dena.de/aktuelles/alle-meldungen/eu-energieeffizienz-richtlinie-in-kraft-getreten.html Stand 19.11.2014

Deutsche Energie Agentur (2014): http://www.stromeffizienz.de/industrie-gewerbe/handlungsfelder/energieeffizienz-netzwerke/netzwerke-in-meiner-region.html Stand: 17.11.2014

Deutsche Energie Agentur (2014): http://www.stromeffizienz.de/industrie-gewerbe/handlungsfelder/energieeffizienz-netzwerke/umsetzung-und-wirkung-von-massnahmen.html Stand: 17.11.2014

Elektro Technologie Zentrum (etz) der Innung für Elektro- und Informations-technik Stuttgart (2010): http://www.etz-stutt-gart.de/Bildung+mit+System/Projekte/KOMZET+_+Energieeffizienz/Bedeutung+von+Energieeffizienz_Technologien.html Stand: 15.11.2014

EnBW Energie Baden-Württemberg AG (2014): https://www.enbw.com/unternehmen/konzern/energieerzeugung/erneuerbare-energien/index-1.html# Stand: 17.11.2014

Energie Informationsdienst GmbH (2013): http://www.eid-aktuell.de/2013/12/09/raffineriedurchsatz-und-erzeugung-in-deutschland-niedrige-auslastung/

Energie Lexikon (2011): http://www.energie-lexikon.info/endenergie.html Stand 19.11.2014

Europäische Kommission (2014): http://ec.europa.eu/energy/efficiency/eed/eed_de.htm Stand: 21.08.2014

PricewaterhouseCoopers Aktiengesellschaft (2014): http://www.pwc.de/de/energiewende/veraenderung-der-energiesituation-als-individuelle-herausforderung.jhtml Stand: 17.11.2014

PricewaterhouseCoopers Aktiengesellschaft (2014): http://www.pwc.de/de_DE/de/energiewende/assets/energiemanagement-masnahmenmix-und-organisation-sind-entscheidend.pdf Stand: 15.11.2014 S. 13

PricewaterhouseCoopers Aktiengesellschaft (2014): http://www.pwc.de/de_DE/de/energiewende/assets/energiemanagement-masnahmenmix-und-organisation-sind-entscheidend.pdf Stand: 15.11.2014

Richtlinie 2012/27/EU zur Energieeffizienz

VDI Württembergischer Ingenieurverein e.V. (2014): http://www.vdi-stutt-gart.de/downloads/AK_Techn_Gebaude/Potenziale_Biomasse_Prof_Foerster.pdf Stand: 12.08.2014

Verband Schweizerischer Elektrizitätsunternehmen (2014): http://www.strom.ch/uploads/media/VSE_BWD_18_Effizienzsteigerung_03-2013.pdf Stand: 07.08.2014 S.3

Wirtschaftskammer Österreich (2013): https://www.wko.at/Content.Node/Service/Umwelt-und-Energie/Betriebsanlagen/Besondere-Anlagen/ooe/Gaspendelleitungen_bei_Tankstellen.html Stand: 15.11.2014